BEAR FAIRY EDUCATION

Multiplication Division Workbook for 3rd 4th graders

© 2018 BEAR FAIRY EDUCATION. All rights reserved.

Published by: BEAR FAIRY EDUCATION.
Interior Design by: Pani Palmer, Kentucky
Cover Design by: Pani Palmer, Kentucky

10 9 8 7 6 5 4 3 2 1
1. Workbook for Kids 2. Basic Early Learning Children Book
First Edition

MULTIPLICATION CHART

x	0	1	2	3	4	5	6	7	8	9	10	11	12
0	0	0	0	0	0	0	0	0	0	0	0	0	0
1	0	1	2	3	4	5	6	7	8	9	10	11	12
2	0	2	4	6	8	10	12	14	16	18	20	22	24
3	0	3	6	9	12	15	18	21	24	27	30	33	36
4	0	4	8	12	16	20	24	28	32	36	40	44	48
5	0	5	10	15	20	25	30	35	40	45	50	55	60
6	0	6	12	18	24	30	36	42	48	54	60	66	72
7	0	7	14	21	28	35	42	49	56	63	70	77	84
8	0	8	16	24	32	40	48	56	64	72	80	88	96
9	0	9	18	27	36	45	54	63	72	81	90	99	108
10	0	10	20	30	40	50	60	70	80	90	100	110	120
11	0	11	22	33	44	55	66	77	88	99	110	121	132
12	0	12	24	36	48	60	72	84	96	108	120	132	144

KNOW MULTIPLICATION

Factors

5 x 4 = 20

factors

Product

5 x 4 = 20

product

Times

5 x 4 = 20

times

Multiplication Sentence

5 x 4 = 20

5 times 4 equals 20.

Commutative Property

5 x 4 = 20
4 x 5 = 20

Numbers can be multiplied in any order. The answer will remain the same.

Arrays

A set of objects arranged in equal rows and columns.

EXERCISE 1

WRITE MULTIPLICATION SENTENCE FOR EACH ADDITION SENTENCE.

1) 2+2+2+2+2   2 x 5 = 10

2) 4+4+4+4   4 x 4 = 16

3) 5+5+5   5 x 3 = 15

4) 3+3+3+3+3+3+3+3+3   9 x 3 = 27

5) 7+7+7+7+7   7 x 5 = 35

6) 6+6+6+6+6+6+6   6 x 7 = 42

7) 3+3+3+3+3   3 x 5 = 15

8) 5+5+5+5+5   5 x 5 = 25

9) 9+9+9+9   9 x 4 = 36

EXERCISE 2

WRITE MULTIPLICATION SENTENCE FOR EACH ADDITION SENTENCE.

(1) 3+3+3+3 $3 \times 4 = 12$

(2) 9+9+9+9+9 $9 \times 5 = 45$

(3) 10+10+10+10+10 $10 \times 5 = 50$

(4) 2+2+2+2+2+2+2+2 $2 \times 8 = 16$

(5) 6+6 $6 \times 2 = 12$

(6) 7+7+7+7+7 $7 \times 5 = 35$

(7) 5+5+5 $3 \times 5 = 15$

(8) 2+2+2+2+2 $2 \times 5 = 10$

(9) 3+3+3+3+3+3+3 $3 \times 7 = 21$

EXERCISE 3

WRITE MULTIPLICATION EQUATION FOR EACH ARRAYS BELOW.

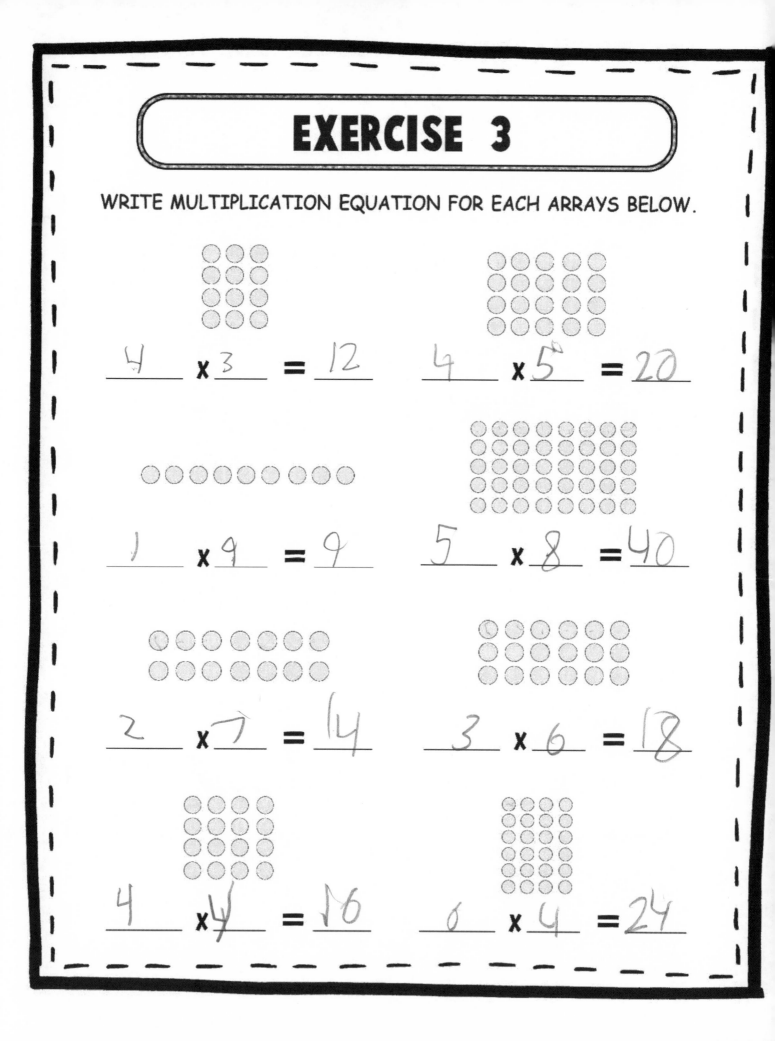

4 x 3 = 12   4 x 5 = 20

1 x 9 = 9   5 x 8 = 40

2 x 7 = 14   3 x 6 = 18

4 x 4 = 16   6 x 4 = 24

EXERCISE 4

WRITE MULTIPLICATION EQUATION FOR EACH ARRAYS BELOW.

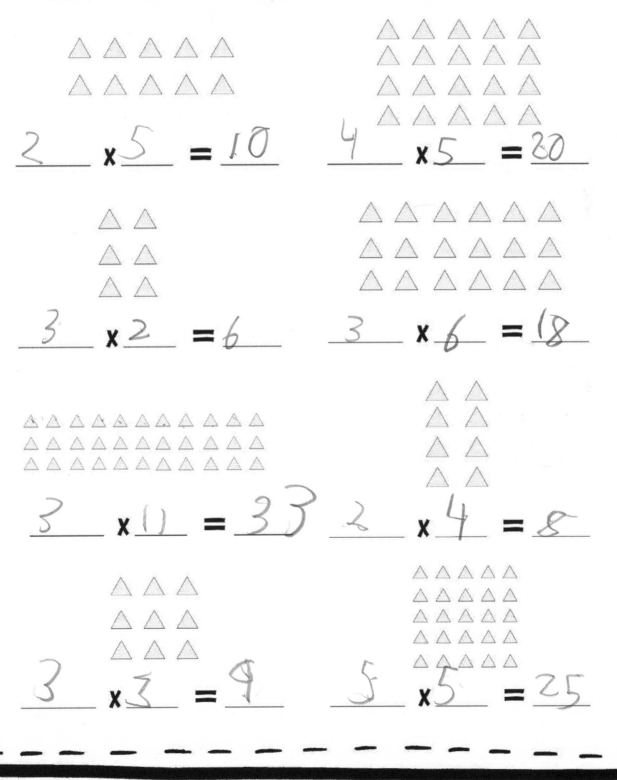

$2 \times 5 = 10$

$4 \times 5 = 20$

$3 \times 2 = 6$

$3 \times 6 = 18$

$3 \times 11 = 33$

$2 \times 4 = 8$

$3 \times 3 = 9$

$5 \times 5 = 25$

EXERCISE 5

DRAW AN ARRAY FOR THE MULTIPLICATION EQUATIONS BELOW.

1 4 x 3

●●●
●●●
●●●
●●●

2 5 x 2

3 7 x 5

4 8 x 4

5 6 x 6

6 9 x 1

EXERCISE 6

MULTIPLY BY 2

x	0	1	2	3	4	5	6	7	8	9	10	11	12
2													

```
   4        7        2        3        1
 x 2      x 2      x 5      x 2      x 2
 ___      ___      ___      ___      ___


   2        2        2       12        9
 x 2      x 6      x 7      x 2      x 2
 ___      ___      ___      ___      ___
```

2 x 6 = _____   5 x 2 = _____   3 x 2 = _____

1 x 2 = _____   7 x 2 = _____   9 x 2 = _____

4 x 2 = _____   2 x 2 = _____   2 x 8 = _____

2 x 7 = _____   6 x 2 = _____   2 x 0 = _____

2 x 9 = _____   2 x 11 = _____   2 x 5 = _____

2 x 12 = _____   8 x 2 = _____   2 x 4 = _____

EXERCISE 7

MULTIPLY BY 3

x	0	1	2	3	4	5	6	7	8	9	10	11	12
3													

```
   2        5        4        3        3
 x 3      x 3      x 3      x 3      x 8
 ___      ___      ___      ___      ___
```

```
   3       11        7        9        3
 x 12     x 3      x 3      x 3      x 0
 ___      ___      ___      ___      ___
```

3 x 5 = _____   3 x 1 = _____   3 x 3 = _____

2 x 3 = _____   3 x 4 = _____   6 x 3 = _____

12 x 3 = _____   5 x 3 = _____   3 x 9 = _____

3 x 8 = _____   11 x 3 = _____   3 x 7 = _____

3 x 11 = _____   0 x 3 = _____   4 x 3 = _____

7 x 3 = _____   8 x 3 = _____   3 x 12 = _____

EXERCISE 8

MULTIPLY BY 4

x	0	1	2	3	4	5	6	7	8	9	10	11	12
4													

```
    4          3          4          4          4
  x 4        x 4        x 5        x 10       x 11
  ___        ___        ___        ____       ____


    4          8         12          9          4
  x 6        x 4        x 4        x 4        x 1
  ___        ___        ___        ___        ___
```

4 x 3 = _____   4 x 5 = _____   0 x 4 = _____

2 x 4 = _____   4 x 8 = _____   6 x 4 = _____

4 x 6 = _____   5 x 4 = _____   4 x 9 = _____

4 x 10 = _____   4 x 4 = _____   7 x 4 = _____

4 x 7 = _____   9 x 4 = _____   3 x 4 = _____

1 x 4 = _____   11 x 4 = _____   4 x 12 = _____

EXERCISE 9

MULTIPLY BY 5

x	0	1	2	3	4	5	6	7	8	9	10	11	12
5													

$$\begin{array}{r} 5 \\ \times\ 3 \\ \hline \end{array} \qquad \begin{array}{r} 4 \\ \times\ 5 \\ \hline \end{array} \qquad \begin{array}{r} 5 \\ \times\ 8 \\ \hline \end{array} \qquad \begin{array}{r} 11 \\ \times\ 5 \\ \hline \end{array} \qquad \begin{array}{r} 2 \\ \times\ 5 \\ \hline \end{array}$$

$$\begin{array}{r} 5 \\ \times\ 7 \\ \hline \end{array} \qquad \begin{array}{r} 6 \\ \times\ 5 \\ \hline \end{array} \qquad \begin{array}{r} 1 \\ \times\ 5 \\ \hline \end{array} \qquad \begin{array}{r} 10 \\ \times\ 5 \\ \hline \end{array} \qquad \begin{array}{r} 5 \\ \times\ 12 \\ \hline \end{array}$$

5 x 5 = _____   3 x 5 = _____   5 x 12 = _____

6 x 5 = _____   5 x 0 = _____   5 x 7 = _____

2 x 5 = _____   5 x 4 = _____   5 x 6 = _____

5 x 10 = _____   8 x 5 = _____   11 x 5 = _____

5 x 8 = _____   9 x 5 = _____   4 x 5 = _____

7 x 5 = _____   1 x 5 = _____   5 x 3 = _____

EXERCISE 10

MULTIPLY BY 6

x	0	1	2	3	4	5	6	7	8	9	10	11	12
6													

6	6	6	1	6
x 4	x 2	x 6	x 6	x 3

8	6	10	6	0
x 6	x 7	x 6	x 5	x 6

6 x 6 = _____   9 x 6 = _____   6 x 12 = _____

6 x 3 = _____   6 x 0 = _____   6 x 4 = _____

4 x 6 = _____   6 x 8 = _____   6 x 5 = _____

2 x 6 = _____   6 x 7 = _____   11 x 6 = _____

6 x 9 = _____   3 x 6 = _____   10 x 6 = _____

5 x 6 = _____   6 x 1 = _____   8 x 6 = _____

EXERCISE 11

MULTIPLY BY 7

x	0	1	2	3	4	5	6	7	8	9	10	11	12
7													

$$\begin{array}{r} 3 \\ \times\ 7 \\ \hline \end{array} \qquad \begin{array}{r} 6 \\ \times\ 7 \\ \hline \end{array} \qquad \begin{array}{r} 7 \\ \times\ 8 \\ \hline \end{array} \qquad \begin{array}{r} 7 \\ \times\ 2 \\ \hline \end{array} \qquad \begin{array}{r} 9 \\ \times\ 7 \\ \hline \end{array}$$

$$\begin{array}{r} 11 \\ \times\ 7 \\ \hline \end{array} \qquad \begin{array}{r} 4 \\ \times\ 7 \\ \hline \end{array} \qquad \begin{array}{r} 7 \\ \times\ 7 \\ \hline \end{array} \qquad \begin{array}{r} 7 \\ \times\ 10 \\ \hline \end{array} \qquad \begin{array}{r} 7 \\ \times\ 5 \\ \hline \end{array}$$

4 x 7 = _____   5 x 7 = _____   7 x 6 = _____

2 x 7 = _____   7 x 1 = _____   8 x 7 = _____

11 x 7 = _____   7 x 7 = _____   7 x 4 = _____

7 x 5 = _____   12 x 7 = _____   7 x 3 = _____

7 x 8 = _____   6 x 7 = _____   5 x 7 = _____

7 x 0 = _____   10 x 7 = _____   7 x 9 = _____

EXERCISE 12

MULTIPLY BY 8

x	0	1	2	3	4	5	6	7	8	9	10	11	12
8													

```
   8          8          3          5          8
 x 4        x 7        x 8        x 8        x 2
 ___        ___        ___        ___        ___


   8          9          6          1         12
 x 8        x 8        x 8        x 8        x 8
 ___        ___        ___        ___        ___
```

0 x 8 = _____   4 x 8 = _____   8 x 5 = _____

10 x 8 = _____   5 x 8 = _____   8 x 9 = _____

12 x 8 = _____   3 x 8 = _____   8 x 7 = _____

8 x 8 = _____   8 x 6 = _____   8 x 10 = _____

6 x 8 = _____   7 x 8 = _____   8 x 4 = _____

8 x 3 = _____   11 x 8 = _____   8 x 2 = _____

EXERCISE 13

MULTIPLY BY 9

x	0	1	2	3	4	5	6	7	8	9	10	11	12
9													

```
   2        5        3        1        9
 x 9      x 9      x 9      x 9      x 9
 ___      ___      ___      ___      ___


   4        7       12        8        6
 x 9      x 9      x 9      x 9      x 9
 ___      ___      ___      ___      ___
```

9 x 2 = _____   6 x 9 = _____   7 x 9 = _____

9 x 4 = _____   9 x 3 = _____   5 x 9 = _____

10 x 9 = _____   9 x 7 = _____   11 x 9 = _____

9 x 9 = _____   0 x 9 = _____   3 x 9 = _____

9 x 1 = _____   4 x 9 = _____   9 x 6 = _____

9 x 5 = _____   2 x 9 = _____   9 x 12 = _____

EXERCISE 14

MULTIPLY BY 10

x	0	1	2	3	4	5	6	7	8	9	10	11	12
10													

```
    3            2            7            5            11
  x 10         x 10         x 10         x 10         x 10
  ____         ____         ____         ____         ____


   10           10           10           10           10
  x  4         x  9         x  6         x  8         x 10
  ____         ____         ____         ____         ____
```

10 x 4 =____   2 x 10 =____   10 x 0 =____

10 x 12 =____   5 x 10 =____   6 x 10 =____

3 x 10 =____   4 x 10 =____   11 x 10 =____

1 x 10 =____   10 x 6 =____   10 x 9 =____

9 x 10 =____   7 x 10 =____   10 x 5 =____

10 x 8 =____   10 x 10 =____   10 x 2 =____

EXERCISE 15

MULTIPLY BY 11

x	0	1	2	3	4	5	6	7	8	9	10	11	12
11													

$$\begin{array}{r} 2 \\ \times\ 11 \\ \hline \end{array} \qquad \begin{array}{r} 5 \\ \times\ 11 \\ \hline \end{array} \qquad \begin{array}{r} 3 \\ \times\ 11 \\ \hline \end{array} \qquad \begin{array}{r} 11 \\ \times\ 7 \\ \hline \end{array} \qquad \begin{array}{r} 11 \\ \times\ 9 \\ \hline \end{array}$$

$$\begin{array}{r} 11 \\ \times\ 12 \\ \hline \end{array} \qquad \begin{array}{r} 11 \\ \times\ 8 \\ \hline \end{array} \qquad \begin{array}{r} 11 \\ \times\ 6 \\ \hline \end{array} \qquad \begin{array}{r} 11 \\ \times\ 4 \\ \hline \end{array} \qquad \begin{array}{r} 11 \\ \times\ 11 \\ \hline \end{array}$$

11 x 5 =_____   1 x 11 = _____   9 x 11 =_____

2 x 11 =_____   11 x 4 = _____   6 x 11 =_____

11 x 3 =_____   11 x 6 = _____   11 x 2 =_____

11 x 8 =_____   11 x 12 = _____   11 x 7 =_____

11 x 11 =_____   0 x 11 = _____   4 x 11 =_____

7 x 11 =_____   9 x 11 = _____   8 x 11 =_____

EXERCISE 16

MULTIPLY BY 12

x	0	1	2	3	4	5	6	7	8	9	10	11	12
12													

```
    3           6          12          12           9
  x 12        x 12        x  8        x  2        x 12
 _____     _____     _____     _____     _____


   11           4          12          12          12
  x 12        x 12        x 12        x 10        x  5
 _____     _____     _____     _____     _____
```

4 x 12 = _____   5 x 12 = _____   12 x 6 = _____

12 x 7 = _____   12 x 1 = _____   8 x 12 = _____

11 x 12 = _____   7 x 12 = _____   12 x 4 = _____

12 x 5 = _____   12 x 12 = _____   12 x 3 = _____

12 x 8 = _____   6 x 12 = _____   0 x 12 = _____

12 x 0 = _____   10 x 12 = _____   12 x 9 = _____

EXERCISE 17

SOLVE ALL THE QUESTIONS AS FAST AS YOU CAN

5 × 2	3 × 8	9 × 4	6 × 3	7 × 0
5 × 1	6 × 4	8 × 2	7 × 5	5 × 5
4 × 8	2 × 4	3 × 11	7 × 7	6 × 3
5 × 9	3 × 3	8 × 12	7 × 4	9 × 9
7 × 2	5 × 3	4 × 4	10 × 7	8 × 4
7 × 6	9 × 4	10 × 11	9 × 3	5 × 4

EXERCISE 18

SOLVE ALL THE QUESTIONS AS FAST AS YOU CAN

3 × 7	10 × 6	12 × 4	2 × 4	5 × 5
5 × 9	2 × 3	7 × 7	8 × 1	6 × 8
7 × 3	2 × 9	8 × 4	10 × 7	6 × 0
6 × 7	4 × 4	8 × 5	2 × 2	7 × 1
4 × 3	10 × 9	12 × 9	8 × 7	6 × 5
5 × 11	9 × 0	8 × 2	6 × 1	10 × 5

EXERCISE 19

SOLVE ALL THE QUESTIONS AS FAST AS YOU CAN

2 x 8	4 x 9	7 x 7	6 x 8	6 x 5
9 x 9	12 x 3	11 x 7	8 x 3	7 x 8
2 x 6	4 x 9	3 x 7	10 x 5	11 x 2
5 x 0	12 x 4	10 x 10	6 x 9	1 x 1
3 x 3	4 x 7	9 x 2	4 x 3	10 x 5
11 x 11	8 x 7	4 x 6	12 x 2	10 x 0

EXERCISE 20

FILL IN THE CORRECT ANSWERS FOR EACH FLOWER.

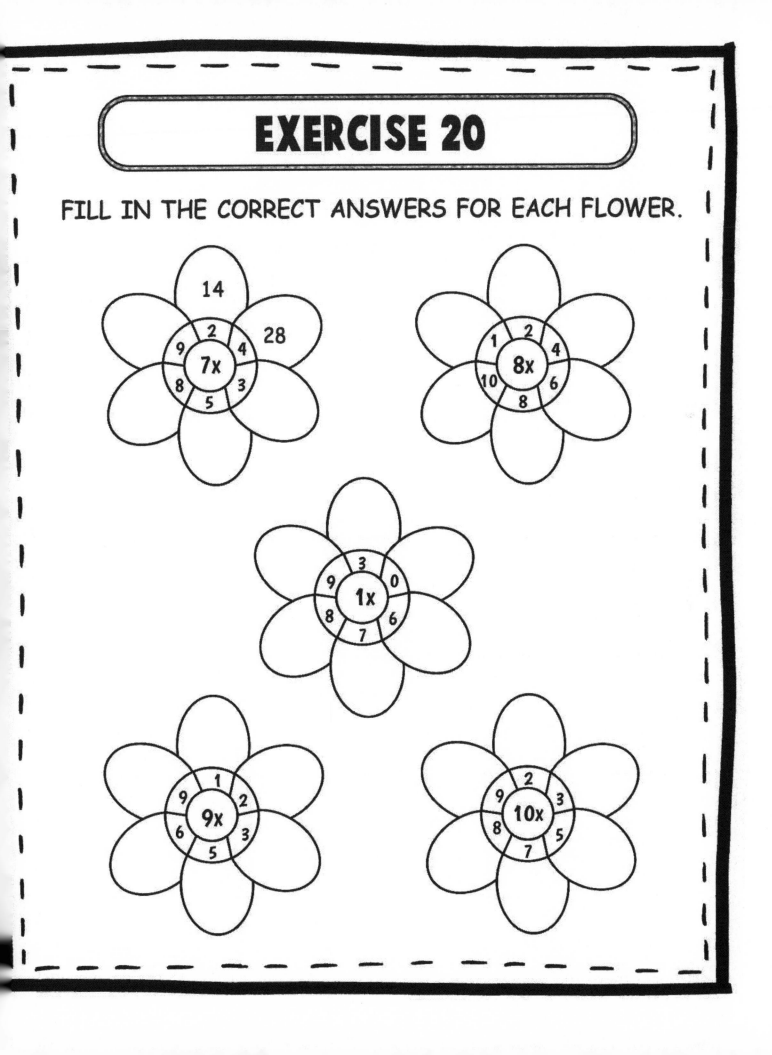

EXERCISE 21

FILL IN THE CORRECT ANSWERS FOR EACH FLOWER.

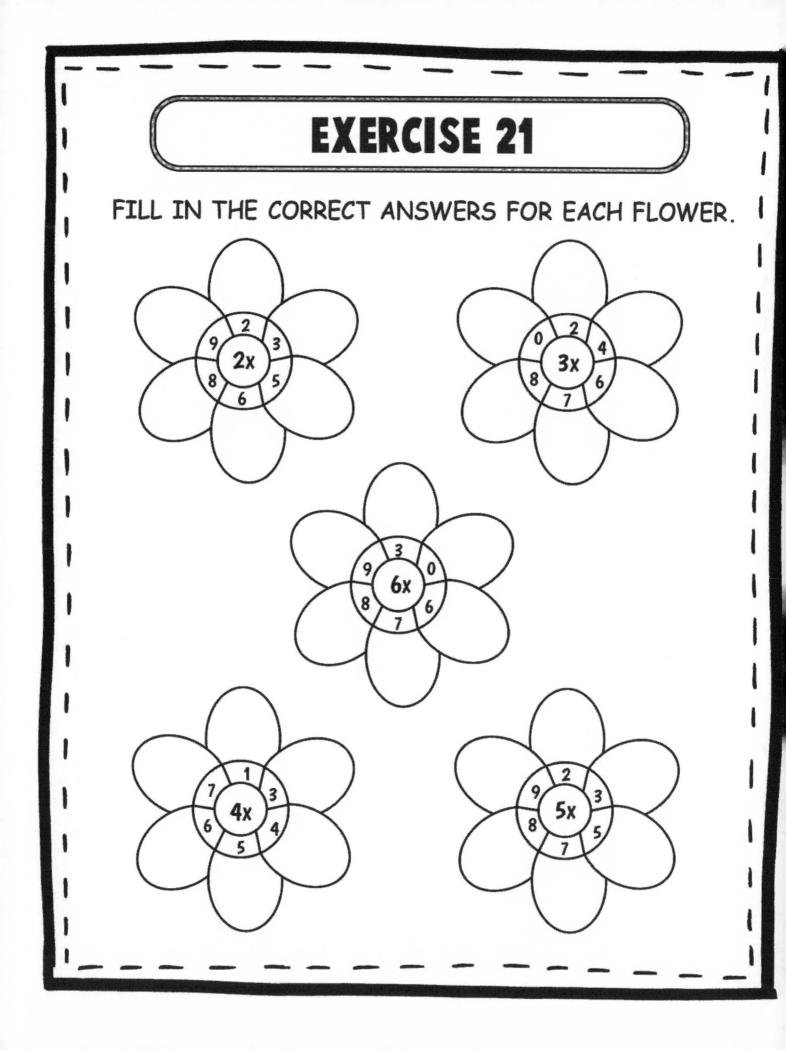

EXERCISE 22

FILL IN THE CORRECT ANSWERS FOR EACH FLOWER.

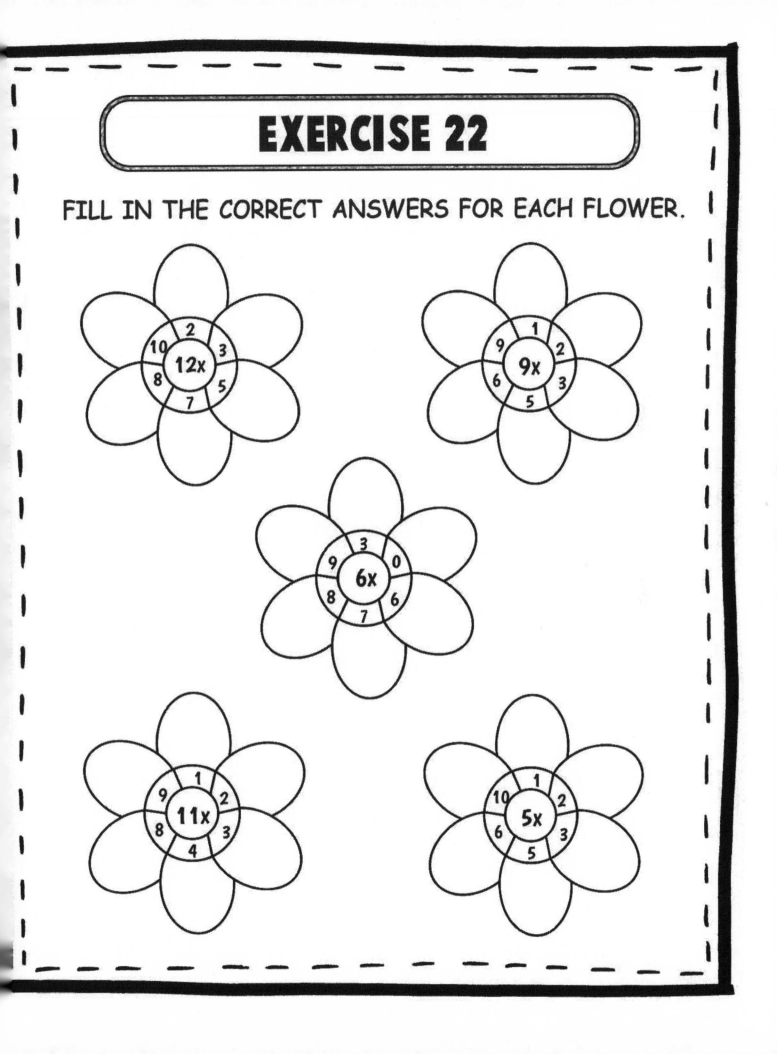

EXERCISE 23

FILL IN THE BLANKS WITH CORRECT ANSWER.

1) 6 x 2 = _____

2) 5 x 3 = _____

3) 7 x 4 = _____

4) 9 x 2 = _____

5) 8 x 2 = _____

6) 9 x 4 = _____

7) 3 x 3 = _____

8) 12 x 4 = _____

9) 6 x 4 = _____

10) 11 x 2 = _____

11) 4 x 8 = _____

12) 2 x 7 = _____

13) 9 x 3 = _____

14) 6 x 8 = _____

15) 5 x 6 = _____

16) 7 x 3 = _____

17) 11 x 3 = _____

18) 10 x 4 = _____

19) 5 x 5 = _____

20) 1 x 2 = _____

EXERCISE 24

FILL IN THE BLANKS WITH CORRECT ANSWER.

1) 8 x 5 = _____

2) 9 x 4 = _____

3) 4 x 2 = _____

4) 12 x 5 = _____

5) 10 x 2 = _____

6) 8 x 5 = _____

7) 12 x 11 = _____

8) 9 x 1 = _____

9) 3 x 9 = _____

10) 7 x 2 = _____

11) 6 x 8 = _____

12) 4 x 3 = _____

13) 5 x 4 = _____

14) 8 x 2 = _____

15) 9 x 9 = _____

16) 7 x 10 = _____

17) 9 x 3 = _____

18) 10 x 4 = _____

19) 11 x 5 = _____

20) 4 x 4 = _____

EXERCISE 25

COMMUTIVE PROPERTY OF MULTIPLICATION

Fill in the blanks.

7 x 2 = 2 x _____   8 x 3 = 3 x _____

4 x 3 = 3 x _____   4 x 9 = 9 x _____

5 x 9 = 9 x _____   6 x 5 = _____ x 6

6 x 3 = _____ x _____   2 x 8 = _____ x 2

10 x 8 = _____ x 10   7 x 4 = _____ x _____

Solve

1. If 9 x 6 = 54 then 6 x 9 = _____

2. If 8 x 3 = 24 then 3 x 8 = _____

3. If 2 x 5 = 10 then 5 x 2 = _____

4. If 4 x 7 = 28 then 7 x 4 = _____

EXERCISE 26

How many boxes of ducks are there? _____

How many ducks are there in each box? _____

How many total ducks are there? ____ X ____ = ____

How many boxes of toy cars are there? _____

How many toy cars are there in each box? _____

How many total toy cars are there? ____ X ____ = ____

EXERCISE 27

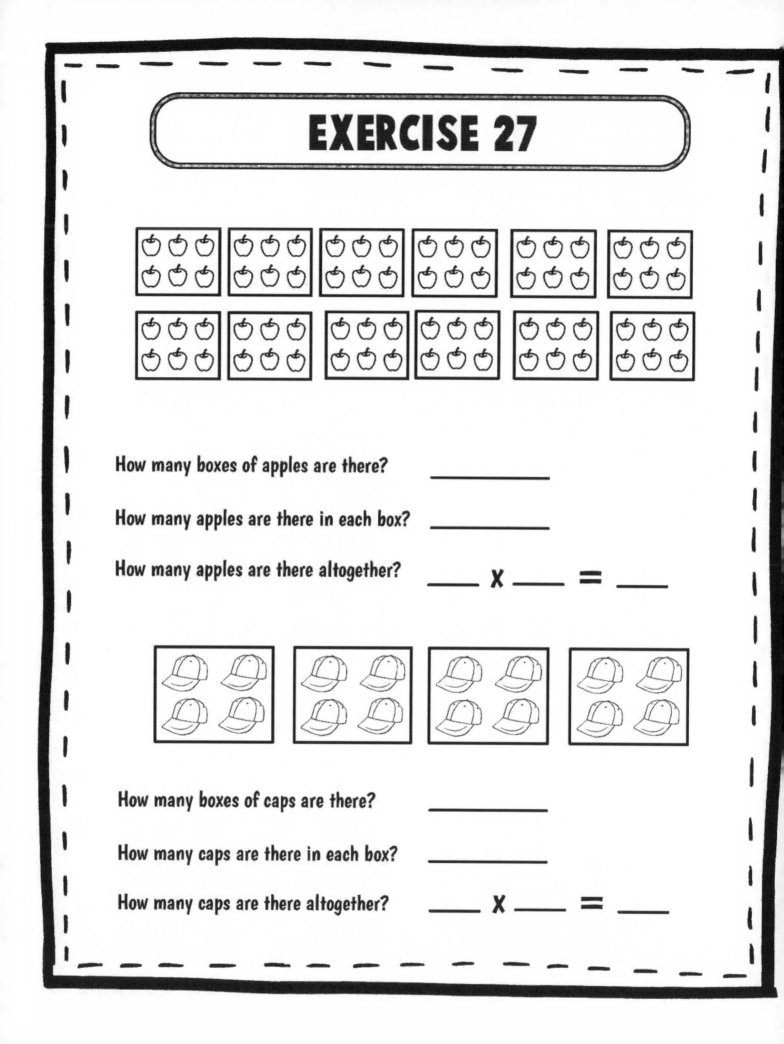

How many boxes of apples are there? _____

How many apples are there in each box? _____

How many apples are there altogether? ___ X ___ = ___

How many boxes of caps are there? _____

How many caps are there in each box? _____

How many caps are there altogether? ___ X ___ = ___

EXERCISE 28

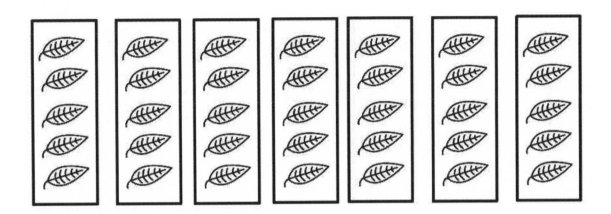

How many boxes of leaves are there?   _____

How many leaves are there in each box?   _____

How many leaves are there altogether?   ____ X ____ = ____

How many boxes of butterflies are there?   _____

How many butterflies are there in each box?   _____

How many total butterflies are there?   ____ X ____ = ____

EXERCISE 29

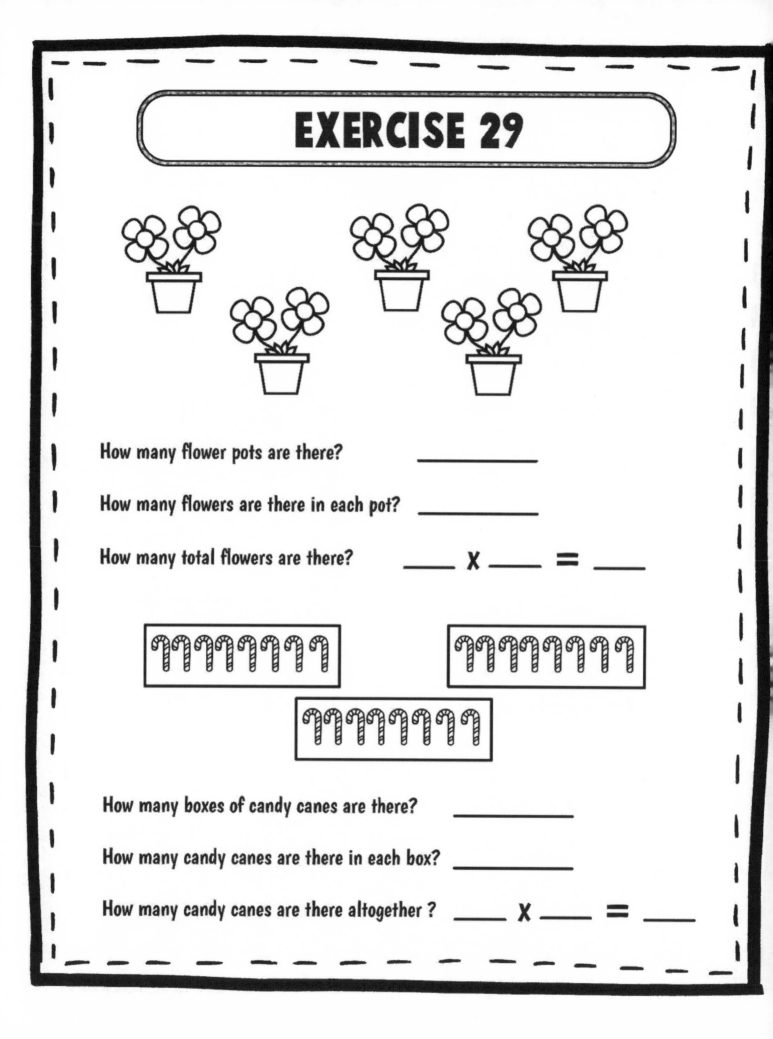

How many flower pots are there? _____

How many flowers are there in each pot? _____

How many total flowers are there? ____ X ____ = ____

How many boxes of candy canes are there? _____

How many candy canes are there in each box? _____

How many candy canes are there altogether ? ____ X ____ = ____

EXERCISE 30

How many bird cages are there? _____

How many birds are there in each cage? _____

How many total birds are there? ___ X ___ = ___

How many fish bowl are there? _____

How many fishes are there in each bowl? _____

How many fishes are there altogether ? ___ X ___ = ___

ELEMENTS OF DIVISION

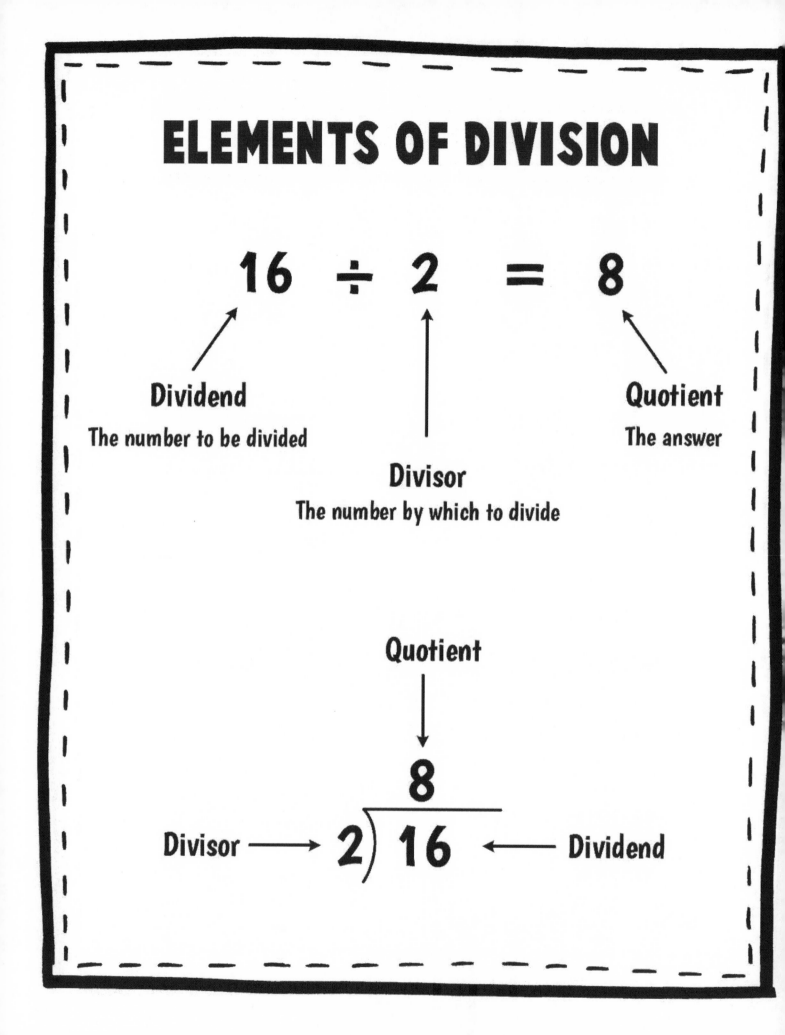

16 ÷ 2 = 8

Dividend
The number to be divided

Divisor
The number by which to divide

Quotient
The answer

Quotient

8
Divisor → 2) 16 ← Dividend

EXERCISE 31

SOLVE THE ARRAY BELOW.

①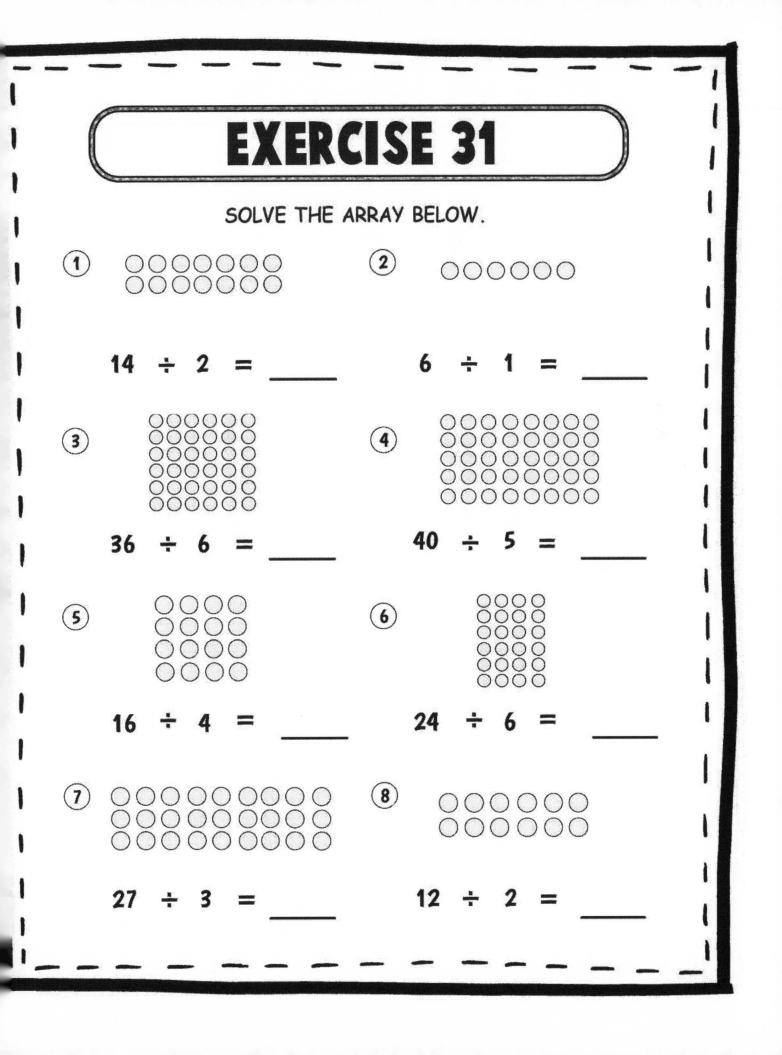

②

$14 \div 2 = $ _____

$6 \div 1 = $ _____

③

④

$36 \div 6 = $ _____

$40 \div 5 = $ _____

⑤

⑥

$16 \div 4 = $ _____

$24 \div 6 = $ _____

⑦

⑧

$27 \div 3 = $ _____

$12 \div 2 = $ _____

EXERCISE 32

SOLVE THE ARRAY BELOW.

① 30 ÷ 5 = _____

② 20 ÷ 4 = _____

③ 16 ÷ 2 = _____

④ 18 ÷ 6 = _____

⑤ 6 ÷ 3 = _____

⑥ 10 ÷ 1 = _____

⑦ 40 ÷ 4 = _____

⑧ 24 ÷ 3 = _____

EXERCISE 33

DIVIDE BY 2

$2\overline{)4}$ $\qquad$ $2\overline{)6}$ $\qquad$ $2\overline{)16}$

$2\overline{)18}$ $\qquad$ $2\overline{)14}$ $\qquad$ $2\overline{)10}$

$2\overline{)12}$ $\qquad$ $2\overline{)8}$ $\qquad$ $2\overline{)2}$

$12 \div 2 = \underline{\hspace{1cm}}$ $\qquad$ $16 \div 2 = \underline{\hspace{1cm}}$ $\qquad$ $10 \div 2 = \underline{\hspace{1cm}}$

$8 \div 2 = \underline{\hspace{1cm}}$ $\qquad$ $2 \div 2 = \underline{\hspace{1cm}}$ $\qquad$ $22 \div 2 = \underline{\hspace{1cm}}$

$4 \div 2 = \underline{\hspace{1cm}}$ $\qquad$ $20 \div 2 = \underline{\hspace{1cm}}$ $\qquad$ $18 \div 2 = \underline{\hspace{1cm}}$

Find the missing factor.

$2 \times \underline{\hspace{1cm}} = 6$ $\qquad$ $2 \times \underline{\hspace{1cm}} = 12$ $\qquad$ $2 \times \underline{\hspace{1cm}} = 18$

$2 \times \underline{\hspace{1cm}} = 8$ $\qquad$ $2 \times \underline{\hspace{1cm}} = 20$ $\qquad$ $2 \times \underline{\hspace{1cm}} = 10$

EXERCISE 34

DIVIDE BY 3

$3\overline{)15}$ $3\overline{)3}$ $3\overline{)9}$

$3\overline{)21}$ $3\overline{)30}$ $3\overline{)6}$

$3\overline{)12}$ $3\overline{)18}$ $3\overline{)33}$

$9 \div 3 =$ _____ $6 \div 3 =$ _____ $18 \div 3 =$ _____

$24 \div 3 =$ _____ $27 \div 3 =$ _____ $15 \div 3 =$ _____

$12 \div 3 =$ _____ $36 \div 3 =$ _____ $21 \div 3 =$ _____

Find the missing factor.

$3 \times$ _____ $= 18$ $3 \times$ _____ $= 9$ $3 \times$ _____ $= 15$

$3 \times$ _____ $= 6$ $3 \times$ _____ $= 24$ $3 \times$ _____ $= 30$

EXERCISE 35

DIVIDE BY 4

$4\overline{)8}$ $4\overline{)32}$ $4\overline{)16}$

$4\overline{)44}$ $4\overline{)4}$ $4\overline{)36}$

$4\overline{)24}$ $4\overline{)48}$ $4\overline{)20}$

$12 \div 4 =$ _____ $44 \div 4 =$ _____ $28 \div 4 =$ _____

$4 \div 4 =$ _____ $32 \div 4 =$ _____ $36 \div 4 =$ _____

$16 \div 4 =$ _____ $20 \div 4 =$ _____ $8 \div 4 =$ _____

Find the missing factor.

$4 \times$ _____ $= 40$ $4 \times$ _____ $= 36$ $4 \times$ _____ $= 24$

$4 \times$ _____ $= 12$ $4 \times$ _____ $= 20$ $4 \times$ _____ $= 16$

EXERCISE 36

DIVIDE BY 5

$5 \overline{)\ 25}$ $5 \overline{)\ 15}$ $5 \overline{)\ 5}$

$5 \overline{)\ 50}$ $5 \overline{)\ 10}$ $5 \overline{)\ 30}$

$5 \overline{)\ 20}$ $5 \overline{)\ 35}$ $5 \overline{)\ 60}$

$25 \div 5 =$ ____ $40 \div 5 =$ ____ $55 \div 5 =$ ____

$10 \div 5 =$ ____ $30 \div 5 =$ ____ $35 \div 5 =$ ____

$45 \div 5 =$ ____ $15 \div 5 =$ ____ $5 \div 5 =$ ____

Find the missing factor.

$5 \times$ ____ $= 20$ $5 \times$ ____ $= 5$ $5 \times$ ____ $= 50$

$5 \times$ ____ $= 25$ $5 \times$ ____ $= 45$ $5 \times$ ____ $= 35$

EXERCISE 37

DIVIDE BY 6

$$6\overline{)12} \qquad 6\overline{)30} \qquad 6\overline{)24}$$

$$6\overline{)36} \qquad 6\overline{)6} \qquad 6\overline{)18}$$

$$6\overline{)60} \qquad 6\overline{)48} \qquad 6\overline{)66}$$

$$24 \div 6 = \underline{\hspace{1cm}} \qquad 12 \div 6 = \underline{\hspace{1cm}} \qquad 48 \div 6 = \underline{\hspace{1cm}}$$

$$36 \div 6 = \underline{\hspace{1cm}} \qquad 66 \div 6 = \underline{\hspace{1cm}} \qquad 30 \div 6 = \underline{\hspace{1cm}}$$

$$18 \div 6 = \underline{\hspace{1cm}} \qquad 54 \div 6 = \underline{\hspace{1cm}} \qquad 60 \div 6 = \underline{\hspace{1cm}}$$

Find the missing factor.

$$6 \times \underline{\hspace{1cm}} = 6 \qquad 6 \times \underline{\hspace{1cm}} = 42 \qquad 6 \times \underline{\hspace{1cm}} = 24$$

$$6 \times \underline{\hspace{1cm}} = 18 \qquad 6 \times \underline{\hspace{1cm}} = 48 \qquad 6 \times \underline{\hspace{1cm}} = 36$$

EXERCISE 38

DIVIDE BY 7

$7\overline{)70}$ $7\overline{)21}$ $7\overline{)35}$

$7\overline{)14}$ $7\overline{)56}$ $7\overline{)42}$

$7\overline{)28}$ $7\overline{)7}$ $7\overline{)63}$

$49 \div 7 =$ _____ $84 \div 7 =$ _____ $35 \div 7 =$ _____

$14 \div 7 =$ _____ $21 \div 7 =$ _____ $70 \div 7 =$ _____

$28 \div 7 =$ _____ $42 \div 7 =$ _____ $28 \div 7 =$ _____

Find the missing factor.

$7 \times$ _____ $= 56$ $7 \times$ _____ $= 14$ $7 \times$ _____ $= 35$

$7 \times$ _____ $= 28$ $7 \times$ _____ $= 21$ $7 \times$ _____ $= 77$

EXERCISE 39

DIVIDE BY 8

$8\overline{)24}$ $8\overline{)48}$ $8\overline{)64}$

$8\overline{)80}$ $8\overline{)16}$ $8\overline{)40}$

$8\overline{)96}$ $8\overline{)32}$ $8\overline{)56}$

$16 \div 8 =$ _____ $8 \div 8 =$ _____ $24 \div 8 =$ _____

$72 \div 8 =$ _____ $32 \div 8 =$ _____ $56 \div 8 =$ _____

$48 \div 8 =$ _____ $40 \div 8 =$ _____ $96 \div 8 =$ _____

Find the missing factor.

$8 \times$ _____ $= 32$ $8 \times$ _____ $= 80$ $8 \times$ _____ $= 56$

$8 \times$ _____ $= 24$ $8 \times$ _____ $= 88$ $8 \times$ _____ $= 72$

EXERCISE 40

DIVIDE BY 9

$9\overline{)18}$　　　　$9\overline{)45}$　　　　$9\overline{)54}$

$9\overline{)81}$　　　　$9\overline{)27}$　　　　$9\overline{)72}$

$9\overline{)9}$　　　　　$9\overline{)99}$　　　　$9\overline{)108}$

$36 \div 9 = \underline{\quad}$　　　　$72 \div 9 = \underline{\quad}$　　　　$99 \div 9 = \underline{\quad}$

$63 \div 9 = \underline{\quad}$　　　　$9 \div 9 = \underline{\quad}$　　　　$108 \div 9 = \underline{\quad}$

$18 \div 9 = \underline{\quad}$　　　　$90 \div 9 = \underline{\quad}$　　　　$27 \div 9 = \underline{\quad}$

Find the missing factor.

$9 \times \underline{\quad} = 45$　　　　$9 \times \underline{\quad} = 81$　　　　$9 \times \underline{\quad} = 18$

$9 \times \underline{\quad} = 36$　　　　$9 \times \underline{\quad} = 54$　　　　$9 \times \underline{\quad} = 90$

EXERCISE 41

DIVIDE BY 10

$10)\overline{30}$ $10)\overline{60}$ $10)\overline{50}$

$10)\overline{20}$ $10)\overline{40}$ $10)\overline{110}$

$10)\overline{80}$ $10)\overline{90}$ $10)\overline{70}$

$50 \div 10 = \underline{\quad}$ $60 \div 10 = \underline{\quad}$ $100 \div 10 = \underline{\quad}$

$70 \div 10 = \underline{\quad}$ $30 \div 10 = \underline{\quad}$ $90 \div 10 = \underline{\quad}$

$80 \div 10 = \underline{\quad}$ $20 \div 10 = \underline{\quad}$ $120 \div 10 = \underline{\quad}$

Find the missing factor.

$10 \times \underline{\quad} = 110$ $10 \times \underline{\quad} = 40$ $10 \times \underline{\quad} = 90$

$10 \times \underline{\quad} = 10$ $10 \times \underline{\quad} = 70$ $10 \times \underline{\quad} = 30$

EXERCISE 42

DIVIDE BY 11

11) 11   11) 55   11) 44

11) 33   11) 22   11) 110

11) 66   11) 77   11) 121

---

44 ÷ 11 = _____   22 ÷ 11 = _____   11 ÷ 11 = _____

66 ÷ 11 = _____   88 ÷ 11 = _____   33 ÷ 11 = _____

55 ÷ 11 = _____   99 ÷ 11 = _____   110 ÷ 11 = _____

Find the missing factor.

11 x _____ = 88   11 x _____ = 55   11 x _____ = 121

11 x _____ = 44   11 x _____ = 99   11 x _____ = 22

EXERCISE 43

DIVIDE BY 12

$12\overline{)48}$ $12\overline{)120}$ $12\overline{)24}$

$12\overline{)60}$ $12\overline{)144}$ $12\overline{)36}$

$12\overline{)12}$ $12\overline{)72}$ $12\overline{)96}$

$24 \div 12 =$ _____ $108 \div 12 =$ _____ $36 \div 12 =$ _____

$84 \div 12 =$ _____ $72 \div 12 =$ _____ $60 \div 12 =$ _____

$48 \div 12 =$ _____ $120 \div 12 =$ _____ $132 \div 12 =$ _____

Find the missing factor.

$12 \times$ _____ $= 12$ $12 \times$ _____ $= 60$ $12 \times$ _____ $= 108$

$12 \times$ _____ $= 36$ $12 \times$ _____ $= 84$ $12 \times$ _____ $= 144$

EXERCISE 44

DIVIDE BY 1-5

3) 24   5) 20   4) 16

5) 15   4) 8   2) 14

4) 28   5) 25   5) 35

1) 8   4) 16   3) 12

4) 24   5) 45   2) 6

5) 5   1) 2   4) 12

EXERCISE 45

DIVIDE BY 1-7

5) 10   4) 16   3) 18

7) 21   6) 30   3) 15

7) 49   7) 14   3) 9

6) 60   3) 3   5) 25

7) 28   6) 24   5) 30

6) 42   1) 5   4) 12

EXERCISE 46

SOLVE ALL THE EQUATIONS AS FAST AS YOU CAN

$3\overline{)24}$ $2\overline{)10}$ $10\overline{)30}$

$4\overline{)12}$ $5\overline{)50}$ $9\overline{)36}$

$6\overline{)48}$ $7\overline{)35}$ $8\overline{)32}$

$3\overline{)21}$ $6\overline{)30}$ $3\overline{)27}$

$8\overline{)80}$ $9\overline{)45}$ $7\overline{)28}$

$3\overline{)18}$ $8\overline{)40}$ $9\overline{)81}$

EXERCISE 47

SOLVE ALL THE EQUATIONS AS FAST AS YOU CAN

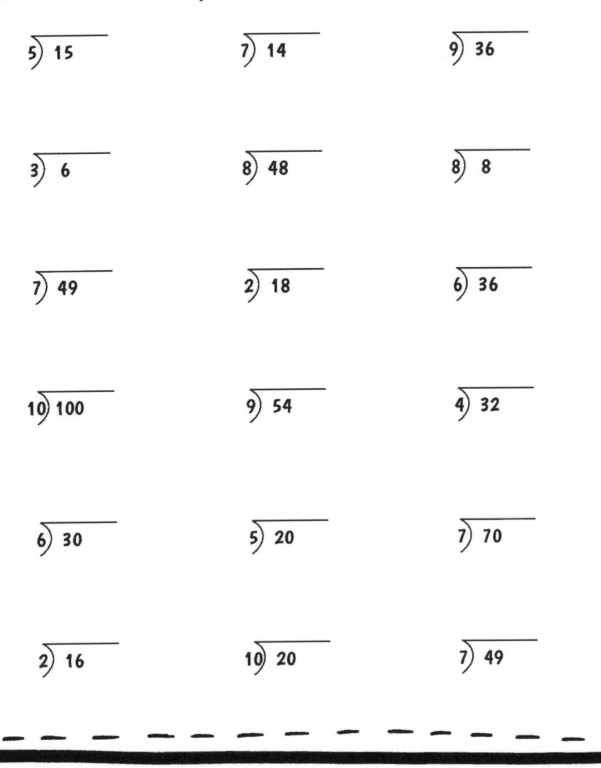

5) 15   7) 14   9) 36

3) 6   8) 48   8) 8

7) 49   2) 18   6) 36

10) 100   9) 54   4) 32

6) 30   5) 20   7) 70

2) 16   10) 20   7) 49

EXERCISE 48

SOLVE ALL THE EQUATIONS AS FAST AS YOU CAN

① $40 \div 4 =$ _____

② $24 \div 3 =$ _____

③ $63 \div 7 =$ _____

④ $72 \div 9 =$ _____

⑤ $42 \div 6 =$ _____

⑥ $27 \div 3 =$ _____

⑦ $36 \div 6 =$ _____

⑧ $27 \div 9 =$ _____

⑨ $18 \div 2 =$ _____

⑩ $40 \div 5 =$ _____

⑪ $12 \div 3 =$ _____

⑫ $15 \div 5 =$ _____

⑬ $60 \div 10 =$ _____

⑭ $18 \div 3 =$ _____

⑮ $28 \div 4 =$ _____

⑯ $12 \div 4 =$ _____

⑰ $21 \div 7 =$ _____

⑱ $64 \div 8 =$ _____

⑲ $40 \div 5 =$ _____

⑳ $9 \div 3 =$ _____

EXERCISE 49

RELATIONSHIP BETWEEN DIVISION AND SUBTRACTION

How many times 4 can be subtracted from 12 ?

$$\underline{12} - \underline{4} = \underline{8}$$
$$\underline{8} - \underline{4} = \underline{4}$$
$$\underline{4} - \underline{4} = \underline{0}$$

$\underline{3}$ times

(1) How many times 5 can be subtracted from 20 ?

_____ - _____ = _____
_____ - _____ = _____
_____ - _____ = _____
_____ - _____ = _____

_____ times

(2) How many times 2 can be subtracted from 8 ?

_____ - _____ = _____
_____ - _____ = _____
_____ - _____ = _____
_____ - _____ = _____

_____ times

(3) How many times 8 can be subtracted from 16 ?

_____ - _____ = _____
_____ - _____ = _____

_____ times

(4) How many times 10 can be subtracted from 40 ?

_____ - _____ = _____
_____ - _____ = _____
_____ - _____ = _____
_____ - _____ = _____

_____ times

(5) How many times 3 can be subtracted from 18 ?

_____ - _____ = _____
_____ - _____ = _____
_____ - _____ = _____
_____ - _____ = _____
_____ - _____ = _____
_____ - _____ = _____

_____ times

EXERCISE 50

DIVISION WORD PROBLEMS

(1) 6 cookies shared by 3 friends.

☐ ☐ ☐

Total number of cookies _____   Number of friends _____

How many cookies does each friend get? _____

Write the related division expression _____

(2) 8 toys shared by 2 children.

☐ ☐

Total number of Toys _____   Number of children _____

How many toys does each child get? _____

Write the related division expression _____

(3) 18 carrots shared by 6 rabbits.

☐ ☐ ☐ ☐ ☐ ☐

Total number of carrots _____   Number of rabbits _____

How many carrots does each rabbit get ? _____

Write the related division expression _____

EXERCISE 51

DIVISION WORD PROBLEMS

1 Place 12 marbles equally in 4 bowls

☐ ☐ ☐ ☐

Total number of marbles _____   Number of bowls _____

_____ marbles in each bowl.

Write the related division expression _____

2 10 dog treats shared by 5 dogs

☐ ☐ ☐ ☐ ☐

_____ dog treats in all   Number of dogs _____

Each dog got _____ treats.

Write the related division expression _____

3 16 bananas shared by 4 monkeys.

☐ ☐ ☐ ☐

_____ bananas in all   Number of monkeys _____

Each monkey got _____ bananas.

Write the related division expression _____

EXERCISE 52

ADVANCE WORD PROBLEMS

① Lisa buys 20 balls to distribute among kids. She gives 2 balls to each kid. How many kids does Lisa give the balls to?

Total number of balls _____   Each kid receives _____ balls

Lisa gives the balls to _____ kids.

Write the related division expression _____

② Tom wants to buy 16 popsicles. If there are 4 popsicles in each box, then how many boxes of popsicles should Tom buy?

Total number of popsicles _____   Number of popsicles in each box _____

Tom needs _____ boxes of popsicles.

Write the related division expression _____

③ Roma bought 18 tulip bulbs. She planted 3 tulip bulbs in each flower pot. How many flower pots did she use?

Total number of tulips bulbs _____   Number of tulips in each flower pot _____

Roma used _____ flower pots.

Write the related division expression _____

EXERCISE 53

WRITE THE DIVISION FACTS FROM MULTIPLICATION FACTS

① 8 x 4 = 32

___ ÷ ___ = ___

___ ÷ ___ = ___

② 3 x 5 = 15

___ ÷ ___ = ___

___ ÷ ___ = ___

③ 4 x 2 = 8

___ ÷ ___ = ___

___ ÷ ___ = ___

④ 9 x 4 = 36

___ ÷ ___ = ___

___ ÷ ___ = ___

⑤ 7 x 6 = 42

___ ÷ ___ = ___

___ ÷ ___ = ___

⑥ 2 x 5 = 10

___ ÷ ___ = ___

___ ÷ ___ = ___

EXERCISE 54

WRITE THE DIVISION FACTS FROM MULTIPLICATION FACTS

① $8 \times 4 = 32$

___ ÷ ___ = ___

___ ÷ ___ = ___

② $3 \times 5 = 15$

___ ÷ ___ = ___

___ ÷ ___ = ___

③ $4 \times 2 = 8$

___ ÷ ___ = ___

___ ÷ ___ = ___

④ $9 \times 4 = 36$

___ ÷ ___ = ___

___ ÷ ___ = ___

⑤ $7 \times 6 = 42$

___ ÷ ___ = ___

___ ÷ ___ = ___

⑥ $2 \times 5 = 10$

___ ÷ ___ = ___

___ ÷ ___ = ___

EXERCISE 55

WRITE 2 MULTIPLICATION AND 2 DIVISION FACTS

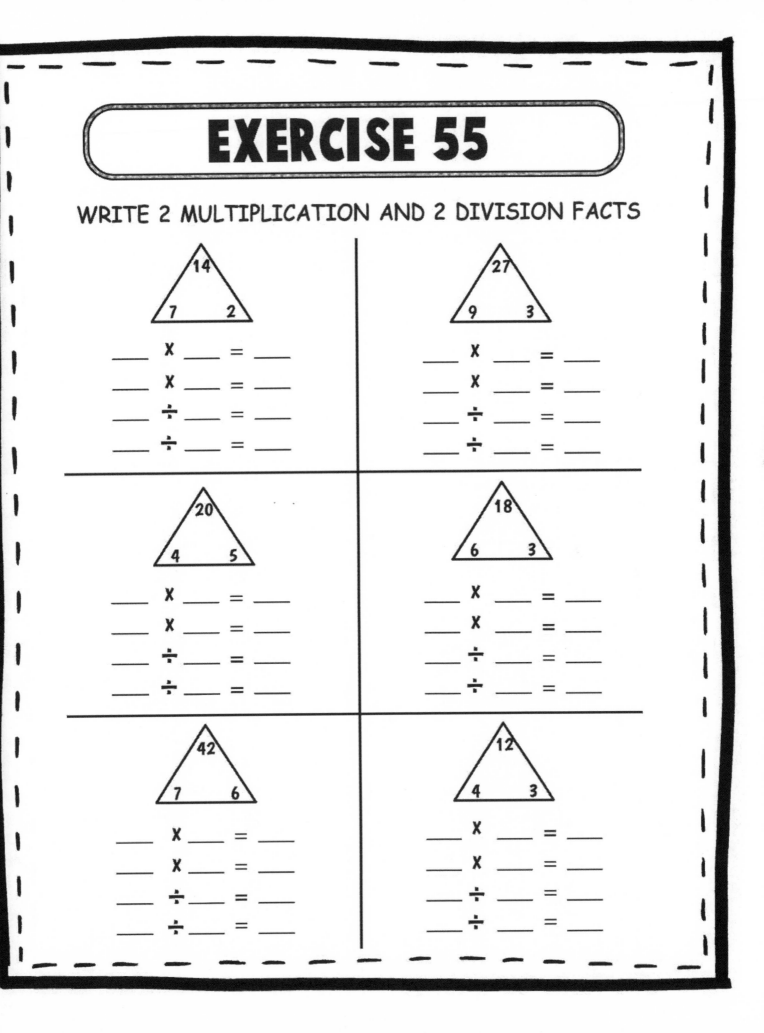

Triangle 1: 14 / 7 / 2

___ X ___ = ___
___ X ___ = ___
___ ÷ ___ = ___
___ ÷ ___ = ___

Triangle 2: 27 / 9 / 3

___ X ___ = ___
___ X ___ = ___
___ ÷ ___ = ___
___ ÷ ___ = ___

Triangle 3: 20 / 4 / 5

___ X ___ = ___
___ X ___ = ___
___ ÷ ___ = ___
___ ÷ ___ = ___

Triangle 4: 18 / 6 / 3

___ X ___ = ___
___ X ___ = ___
___ ÷ ___ = ___
___ ÷ ___ = ___

Triangle 5: 42 / 7 / 6

___ X ___ = ___
___ X ___ = ___
___ ÷ ___ = ___
___ ÷ ___ = ___

Triangle 6: 12 / 4 / 3

___ X ___ = ___
___ X ___ = ___
___ ÷ ___ = ___
___ ÷ ___ = ___

EXERCISE 56

WRITE 2 MULTIPLICATION AND 2 DIVISION FACTS

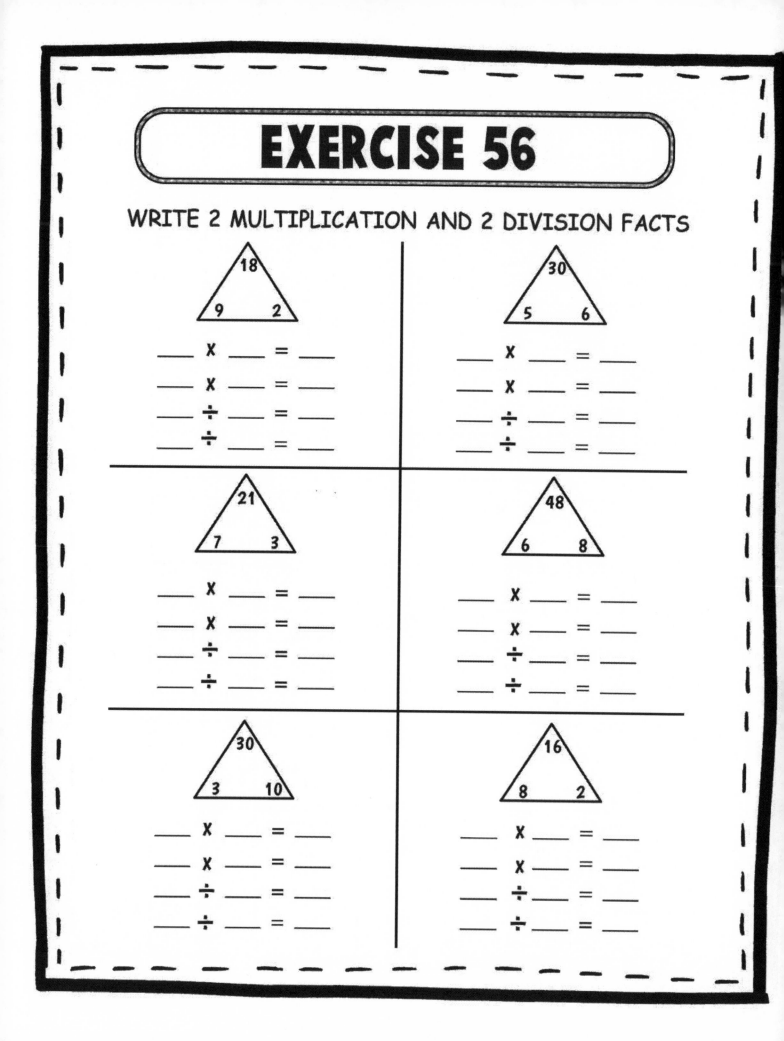

18
9   2

___ X ___ = ___
___ X ___ = ___
___ ÷ ___ = ___
___ ÷ ___ = ___

30
5   6

___ X ___ = ___
___ X ___ = ___
___ ÷ ___ = ___
___ ÷ ___ = ___

21
7   3

___ X ___ = ___
___ X ___ = ___
___ ÷ ___ = ___
___ ÷ ___ = ___

48
6   8

___ X ___ = ___
___ X ___ = ___
___ ÷ ___ = ___
___ ÷ ___ = ___

30
3   10

___ X ___ = ___
___ X ___ = ___
___ ÷ ___ = ___
___ ÷ ___ = ___

16
8   2

___ X ___ = ___
___ X ___ = ___
___ ÷ ___ = ___
___ ÷ ___ = ___

EXERCISE 57

MYSTERY PICTURE ! COLORING BY USING COLOR CODE

Coloring Key:

Blue: 1-4   **Yellow: 5-6**   **Green: 7-8**   **Brown: 9-10**   **Red: 11-12**

6 ÷ 2	16 ÷ 8	21 ÷ 7	14 ÷ 7	15 ÷ 5	30 ÷ 10	20 ÷ 4	40 ÷ 8	10 ÷ 5	16 ÷ 8
27 ÷ 9	9 ÷ 3	2 ÷ 1	4 ÷ 2	6 ÷ 3	20 ÷ 5	48 ÷ 8	45 ÷ 9	18 ÷ 6	20 ÷ 10
10 ÷ 2	40 ÷ 4	16 ÷ 4	18 ÷ 3	20 ÷ 2	10 ÷ 5	4 ÷ 4	40 ÷ 10	24 ÷ 8	18 ÷ 9
24 ÷ 8	30 ÷ 5	40 ÷ 8	48 ÷ 8	4 ÷ 1	32 ÷ 8	9 ÷ 3	8 ÷ 2	36 ÷ 4	10 ÷ 1
10 ÷ 5	35 ÷ 7	24 ÷ 4	6 ÷ 1	4 ÷ 2	18 ÷ 6	24 ÷ 6	10 ÷ 5	16 ÷ 8	18 ÷ 2
4 ÷ 2	6 ÷ 1	20 ÷ 4	50 ÷ 10	36 ÷ 3	30 ÷ 6	45 ÷ 9	25 ÷ 5	10 ÷ 2	20 ÷ 10
28 ÷ 7	6 ÷ 3	24 ÷ 2	33 ÷ 3	42 ÷ 7	24 ÷ 4	18 ÷ 3	40 ÷ 8	60 ÷ 10	24 ÷ 6
16 ÷ 2	32 ÷ 4	35 ÷ 7	20 ÷ 4	45 ÷ 9	20 ÷ 4	30 ÷ 6	50 ÷ 10	48 ÷ 8	70 ÷ 10
40 ÷ 5	14 ÷ 2	60 ÷ 10	30 ÷ 5	21 ÷ 3	7 ÷ 1	28 ÷ 4	25 ÷ 5	42 ÷ 7	35 ÷ 5
21 ÷ 3	63 ÷ 9	99 ÷ 11	90 ÷ 9	42 ÷ 6	24 ÷ 3	56 ÷ 8	63 ÷ 7	60 ÷ 6	14 ÷ 2

EXERCISE 58

MAKE EQUAL GROUPS. DRAW PICTURE TO HELP SOLVE DIVISION PROBLEMS.

a) My friend and I have 14 chocolates. We want to divide them into 2 equal groups to share. How many will each of us get?

_____ ÷ _____ = _____

b) There are 20 pieces of pizza and 4 friends. If the friends share the pizza equally, how many pieces will each person get?

_____ ÷ _____ = _____

c) There are 18 gifts to share between 2 children at the party. If they are shared equally, how many gifts will each child get?

_____ ÷ _____ = _____

d) There are 27 pencils. Three friends want to share them equally. How many will each friend get?

_____ ÷ _____ = _____

EXERCISE 59

FILL IN EACH SQUARE WITH FACTORS TO MAKE PRODUCTS IN GREY CORRECT

6	4	24
9	8	72
54	32	48

7		14
	8	56
49	16	56

6		30
		12
18	20	24

		77
		10
22	35	55

		24
		40
80	12	32

		18
		15
9	30	15

		10
		80
20	40	16

		132
		0
60	0	0

		48
		24
24	48	144

		48
		21
18	56	42

		18
		30
45	12	54

		70
		20
28	50	35

EXERCISE 60

COLOR THE 3 MATCHING BOXES IN THE SAME COLOR.

8 groups of 11	9 x 3	36
8 groups of 2	7 x 4	88
7 groups of 5	8 x 7	72
4 groups of 6	6 x 6	16
7 groups of 4	5 x 6	48
12 groups of 4	8 x 11	56
5 groups of 5	8 x 9	54
7 groups of 7	7 x 5	50
6 groups of 6	8 x 2	25
5 groups of 6	4 x 6	35
8 groups of 9	10 x 5	49
9 groups of 3	12 x 4	30
10 groups of 5	5 x 5	27
9 groups of 6	3 x 6	18
8 groups of 7	9 x 6	24
3 groups of 6	7 x 7	28

EXERCISE 61

COLOR THE 3 MATCHING BOXES IN THE SAME COLOR.

5 groups of 5	9 x 3	25
4 groups of 3	4 x 2	10
2 groups of 2	1 x 3	11
3 groups of 3	9 x 2	9
1 group of 3	2 x 5	18
2 groups of 7	4 x 3	15
5 groups of 3	3 x 2	4
2 groups of 5	2 x 7	8
7 groups of 1	3 x 3	12
4 groups of 2	1 x 11	7
4 groups of 4	5 x 3	20
9 groups of 3	2 x 2	3
9 groups of 2	7 x 1	27
3 groups of 2	5 x 4	16
1 group of 11	4 x 4	6
5 groups of 4	5 x 5	14

EXERCISE 62

SHOW THE EQUATIONS BY JUMPING ALONG THE NUMBER LINE.

0 1 2 3 4 5 6 7 8 9 10 11 12 13 14 15 16 17 18 19 20

Multiplication Equation	
Repeated Addition	5 + 5 + 5 =

0 1 2 3 4 5 6 7 8 9 10 11 12 13 14 15 16 17 18 19 20

Multiplication Equation	
Repeated Addition	3 + 3 + 3 + 3 + 3 + 3 =

0 1 2 3 4 5 6 7 8 9 10 11 12 13 14 15 16 17 18 19 20

Multiplication Equation	
Repeated Addition	2 + 2 + 2 + 2 + 2 + 2 + 2 + 2 =

0 1 2 3 4 5 6 7 8 9 10 11 12 13 14 15 16 17 18 19 20

Multiplication Equation	
Repeated Addition	6 + 6 + 6 =

EXERCISE 63

WRITE YOUR OWN WORD PROBLEM TO MATCH THE GIVEN EQUATION.

EXAMPLE: 2 x 2 = 4

There were 2 rabbits. Each rabbit had 2 long ears. How many long ears did the rabbits have in total?

 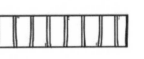 

a) 3 x 3 =

_____

_____

_____

b) 5 x 4 =

_____

_____

_____

c) 6 x 7 =

_____

_____

_____

EXERCISE 64

WRITE YOUR OWN WORD PROBLEM TO MATCH THE GIVEN EQUATION.

EXAMPLE: 2 x 2 = 4

There were 2 rabbits. Each rabbit had 2 long ears. How many long ears did the rabbits have in total?

a) 4 + 4 + 4 + 4 + 4 + 4 =

_____
_____
_____

b) 8 + 8 + 8 + 8 + 8 =

_____
_____
_____

c) 9 + 9 + 9 + 9 + 9 + 9 =

_____
_____
_____

EXERCISE 65

Blast Off into Space!

Planet Oberon had 3 space fleets with 6 shuttles in each fleet. How many shuttles did they own altogether?

Draw the equal groups.

Draw an array.

Show your answer by jumping in equal groups along the number line.

0 1 2 3 4 5 6 7 8 9 10 11 12 13 14 15 16 17 18 19 20

Skip count by 6s until you reach your answer.

EXERCISE 66

DRAW AN EQUAL GROUPS OF OBJECT TO
REPRESENT EACH MULTIPLICATION SENTENCE.

a) $1 \times 5 =$	b) $2 \times 4 =$
c) $3 \times 3 =$	d) $3 \times 2 =$
e) $4 \times 4 =$	f) $5 \times 2 =$
g) $2 \times 6 =$	h) $3 \times 5 =$

EXERCISE 67

WRITE THE MULTIPLICATION SENTENCE REPRESENT BY EACH ARRAY.

a)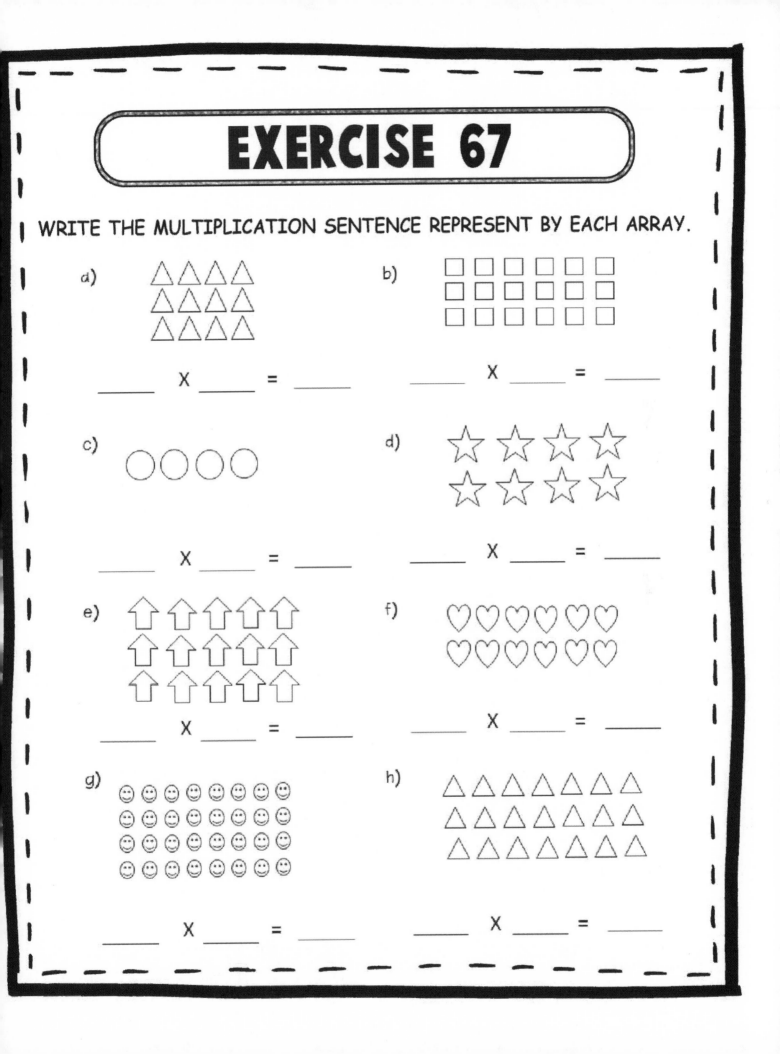

___ X ___ = ___

b)

___ X ___ = ___

c)

___ X ___ = ___

d)

___ X ___ = ___

e)

___ X ___ = ___

f)

___ X ___ = ___

g)

___ X ___ = ___

h)

___ X ___ = ___

Made in the USA
Monee, IL
08 March 2022

92497386R00044